氧气，全是因为你呀

[韩] 沈秉柱 文
[韩] 金恩珠 绘
祝嘉雯 译

化学工业出版社
·北京·

咚，骨碌碌。

圆毛一脚把球踢到了围栏里。

“啊，球滚进去了。怎么办？”

圆毛担心地叫了起来。

“看我的。”

奇奇一边说着一边爬上了铁栏杆。

圆毛和秀秀就搭在栏杆上瞧着。

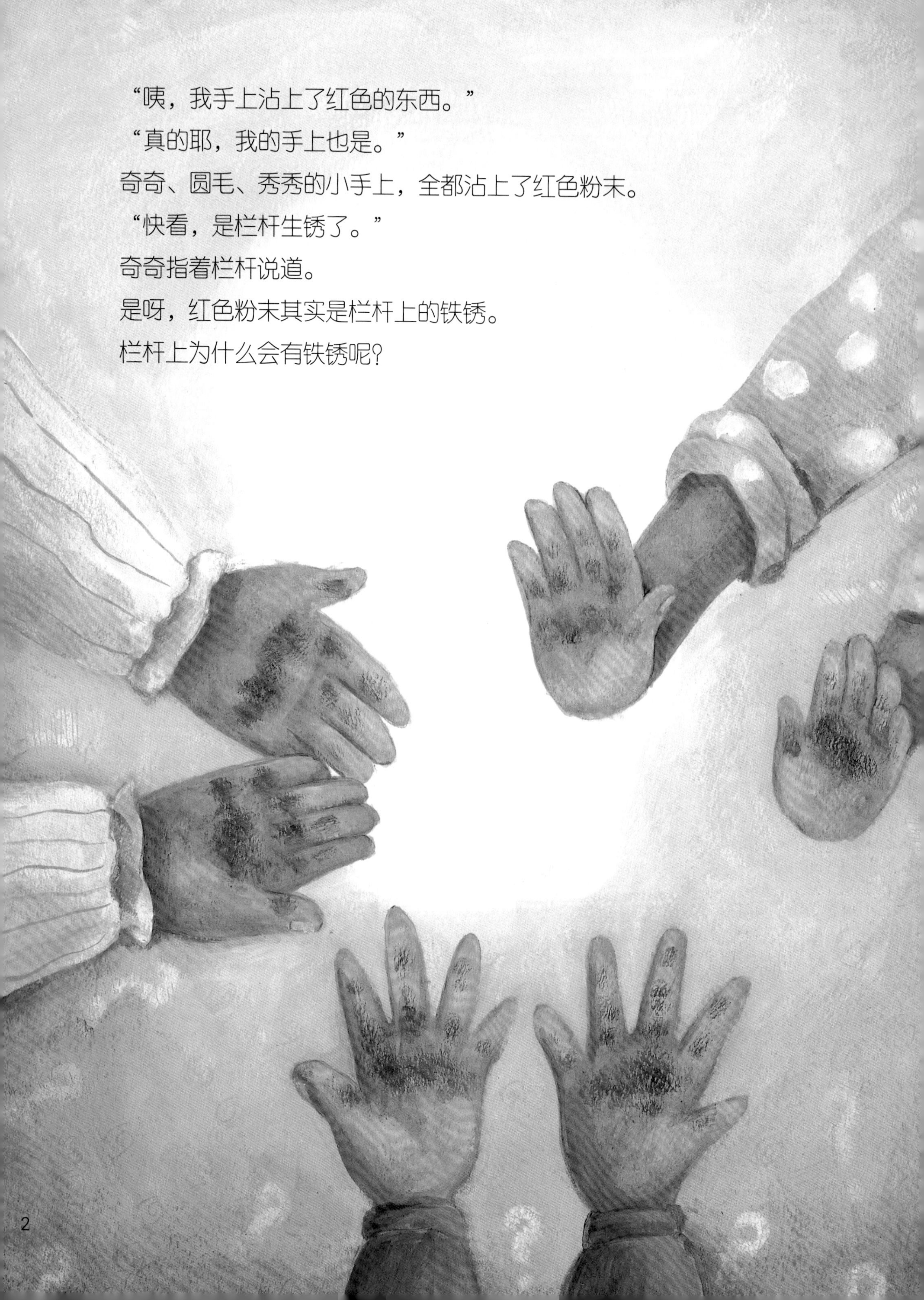

“咦，我手上沾上了红色的东西。”

“真的耶，我的手上也是。”

奇奇、圆毛、秀秀的小手上，全都沾上了红色粉末。

“快看，是栏杆生锈了。”

奇奇指着栏杆说道。

是呀，红色粉末其实是栏杆上的铁锈。

栏杆上为什么会有铁锈呢?

这都是因为空气中的氧气呀。

刷在铁栏杆表面的油漆掉了，就会露出里面的铁来。

暴露在空气中的铁与氧气相遇就会生锈变红。

像这样物质与氧气相遇，产生变化的过程就叫做氧化。

就像铁遇到氧气会生锈一样，物质在遇到氧气后就有可能会发生变化。

氧化可是有好几种模样的呢。

有与氧气结合后，伴随着光和热且有火的氧化，

这种就叫做剧烈氧化。

比如点燃蜡烛或是木头，就会发光产热，这就属于剧烈氧化。

它还有个特别的名字，叫做燃烧。

给氢气或是丁烷气罐点上火苗就会发出“嘭”的声音，然后熊熊燃烧起来，

这就叫做爆炸。

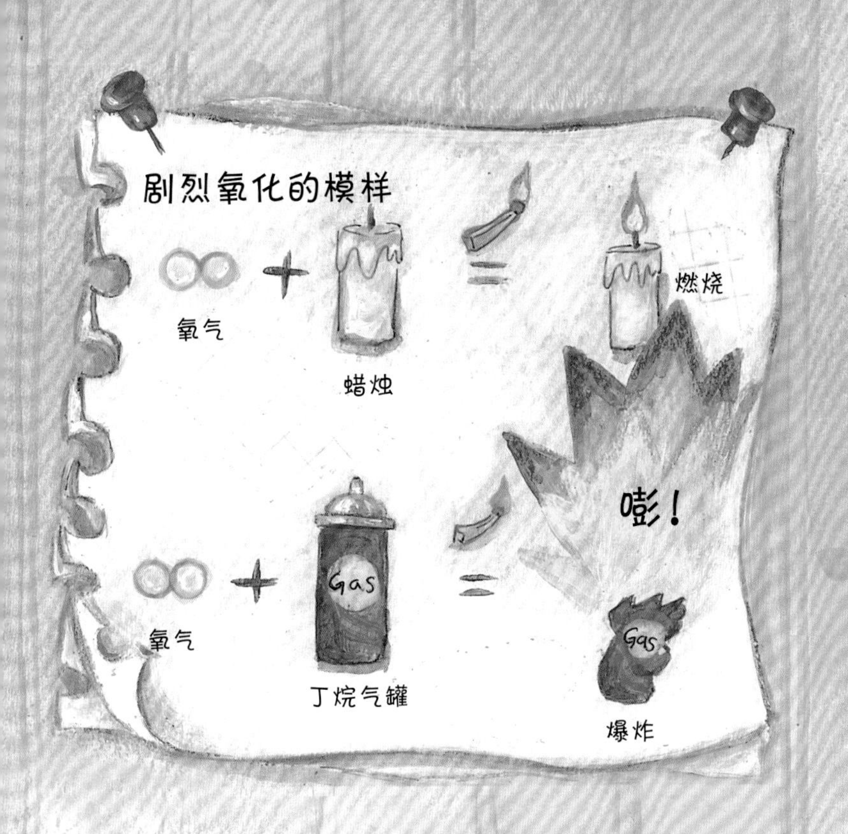

奇奇给蜡烛扣上了杯子，烛火很快就熄灭了。

这是因为杯子里渐渐没有了氧气。

看到这个场景，奇奇想道：

“宇宙里没有氧气，所以在那里火柴是无法被划着的！”

点着蜡烛，让它与氧气相遇就能燃烧并产生光与热。

氧化也有别的模样哦。
就像铁生红锈一样，逐渐氧化的过程叫做缓慢氧化。
物质缓慢氧化时，就不会发光，只会产热，
然后变成另一种物质。

金属与空气中的氧气相遇时，
就会缓慢氧化，发热的同时颜色也会发生变化呢。
虽然铁变成了红色，
但也有的金属遇到氧气变成黑色或是其他颜色的。
就像铜，一开始变成了黑色，随着时间的推移，
在湿气与二氧化碳的作用下又会变成深绿色。

“原来这个雕像是用铜做的呀！”

奇奇看着这个深绿色的雕像感叹道。

像铜这种金属接触氧气后就会变色。

消化也是缓慢氧化

食物 消化 营养素 缓慢氧化 能量

食物的消化过程也是缓慢氧化的一种。

我们每天会吃各种食物。

把吃下去的食物消化掉就能获得各种营养素咯。

我们的身体由各种小细胞组成，

通过燃烧营养素，它们就能获得所需的能量啦。

而燃烧营养素所需的正是氧气啊。

食物中的营养素遇到氧气后产生能量。

“呼呼……”

一直努力跑的话，就会上气不接下气。

比完足球赛后也会有些喘不上气，

这都是因为氧气呀。

身体发出信号，快！赶紧多送点氧气给我。

那就要赶快呼吸，给我们全身送去氧气才行。

气喘吁吁的原因，其实是我们的身体呀，想要摄取更多的氧气。

制作绚丽的火焰

一些金属与氧气结合后，会产生美丽的火焰。红色，黄色，绿色，紫色……

将各种金属一起点燃，就能制作出绚烂夺目的各种火焰颜色。

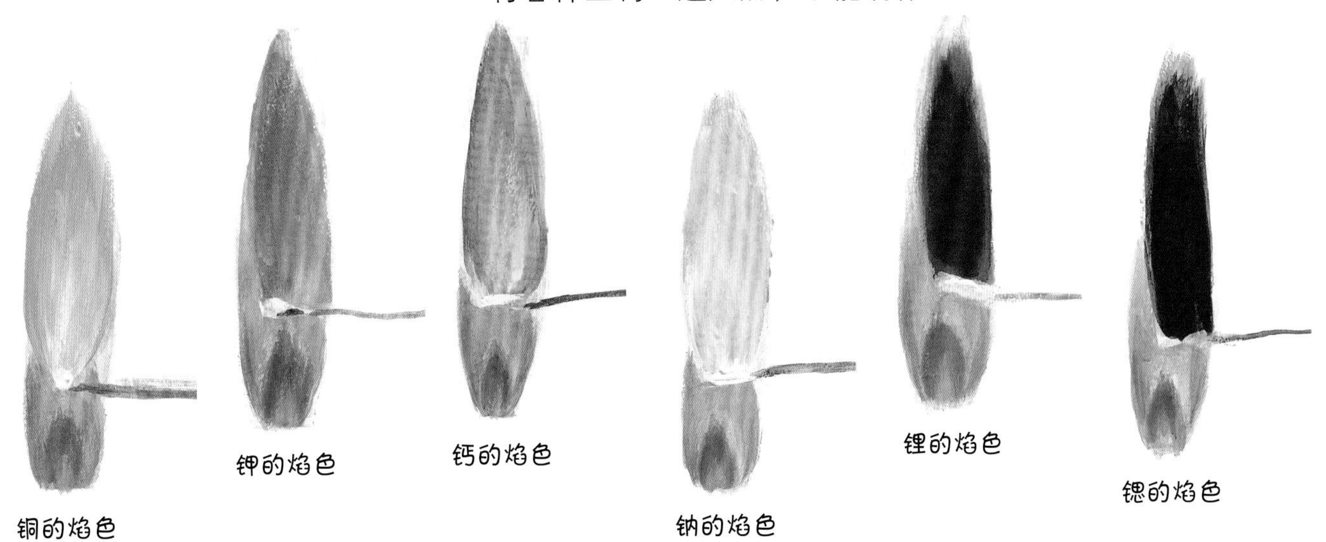

氧气能够帮助其他可燃物质更好地燃烧。

将带火星的火柴放入装有氧气的瓶中，火柴再次熊熊燃烧起来了。

“啊呜啊呜，太好吃了！”秀秀吃着苹果说道。

妈妈笑眯眯地看着秀秀吃得正香的模样，

又削起了苹果。

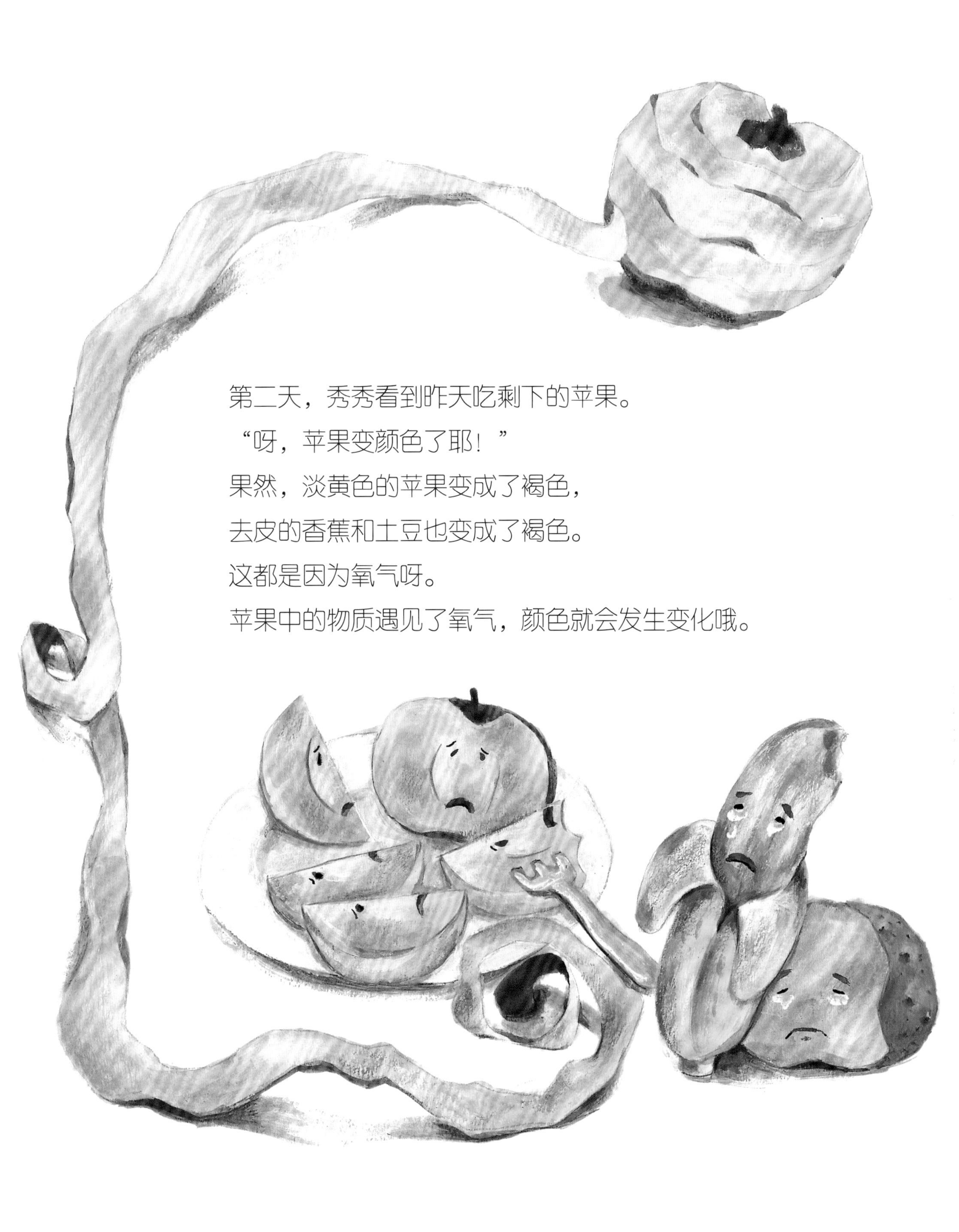

第二天，秀秀看到昨天吃剩下的苹果。

“呀，苹果变颜色了耶！”

果然，淡黄色的苹果变成了褐色，

去皮的香蕉和土豆也变成了褐色。

这都是因为氧气呀。

苹果中的物质遇见了氧气，颜色就会发生变化哦。

各种水果削皮后变成褐色，都是因为氧气呀。

烟花的模样，随心变

圆圆的花朵模样

小花束模样

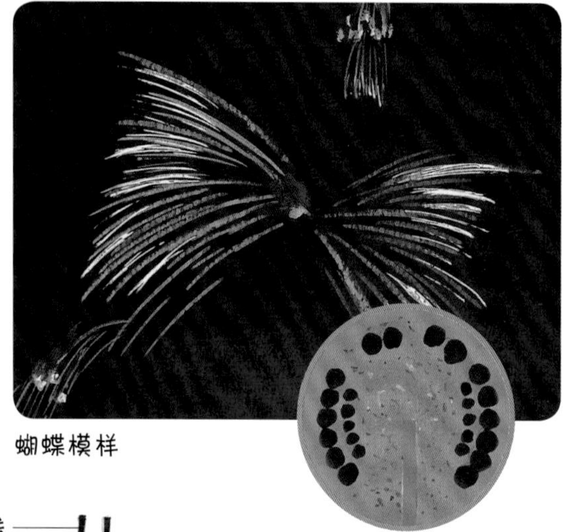

蝴蝶模样

小蜜蜂成群结队的模样

导火线

火药

纸壳

用来放烟花的火药，根据不同的制作方法，
烟花的形状和颜色都会有所不同哦。
将各种火药以一定的形状和顺序放置在球状的礼花弹中，
就可以制作出我们想要的烟花模样啦。

❶ 将火药搓成小珠子，暴晒干燥。

❷ 球形纸壳对半切开，用小珠子填满。

❸ 装入能引火的导火线。

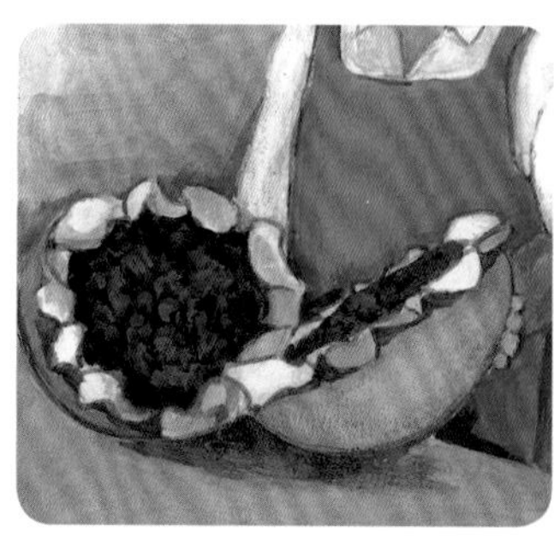

❹ 粘合两个半圆形的纸壳，礼花弹小球完成！

装点了黑夜的烟花

咻，咻，嘭！嘭！

绚烂的烟花在夜空中绽放。

圆形的烟花，火箭般发射的烟花，花朵模样的烟花，还有像蝴蝶一样的烟花……

总是变换着各种各样的颜色和形状，让我们的心情也不知不觉地像这烟花一样了呢。

其实烟花呀，就是在火药中加入了各种能够改变火焰颜色的金属。

有些金属非常容易被氧化。

像铁啊，锌啊，铝啊，还有镁，就属于这种易氧化金属。

如果将这类金属直接暴露在空气中的话，

就会立马生锈，产生的污渍渐渐变成了如同烧焦般的物质。

比如说，宝剑就会变成赤红色哦。

相反，也有金属是不容易被氧化的。
铂金、黄金等就属于这一类。
这些金属呀，就算直接暴露在空气中，
也依然闪闪发光，保持着它们原来的样子。
所以这些金属通常用来做戒指和项链，
因为它们可以很久很久都不发生变化。

金属中，有很快氧化变色的，也有不容易被氧化产生变化的。

远航的巨轮就是用铁做的。

我们知道铁是易氧化金属中的一种，

尤其遇水后就会更快被氧化。

铁被氧化后，整个轮船可就危险了。

所以为了防止被氧化，人们会在轮船上刷一层油漆。

还有铝呀、锌呀这些金属，也常会被附在船底。

由于铝或锌比铁更易被氧化，

所以和铁在一起时，它们就会代替铁先生锈。

这样的话，轮船在很长的一段时间里都不会生锈了。

给铁刷上油漆，隔绝氧气，就不会生锈了。

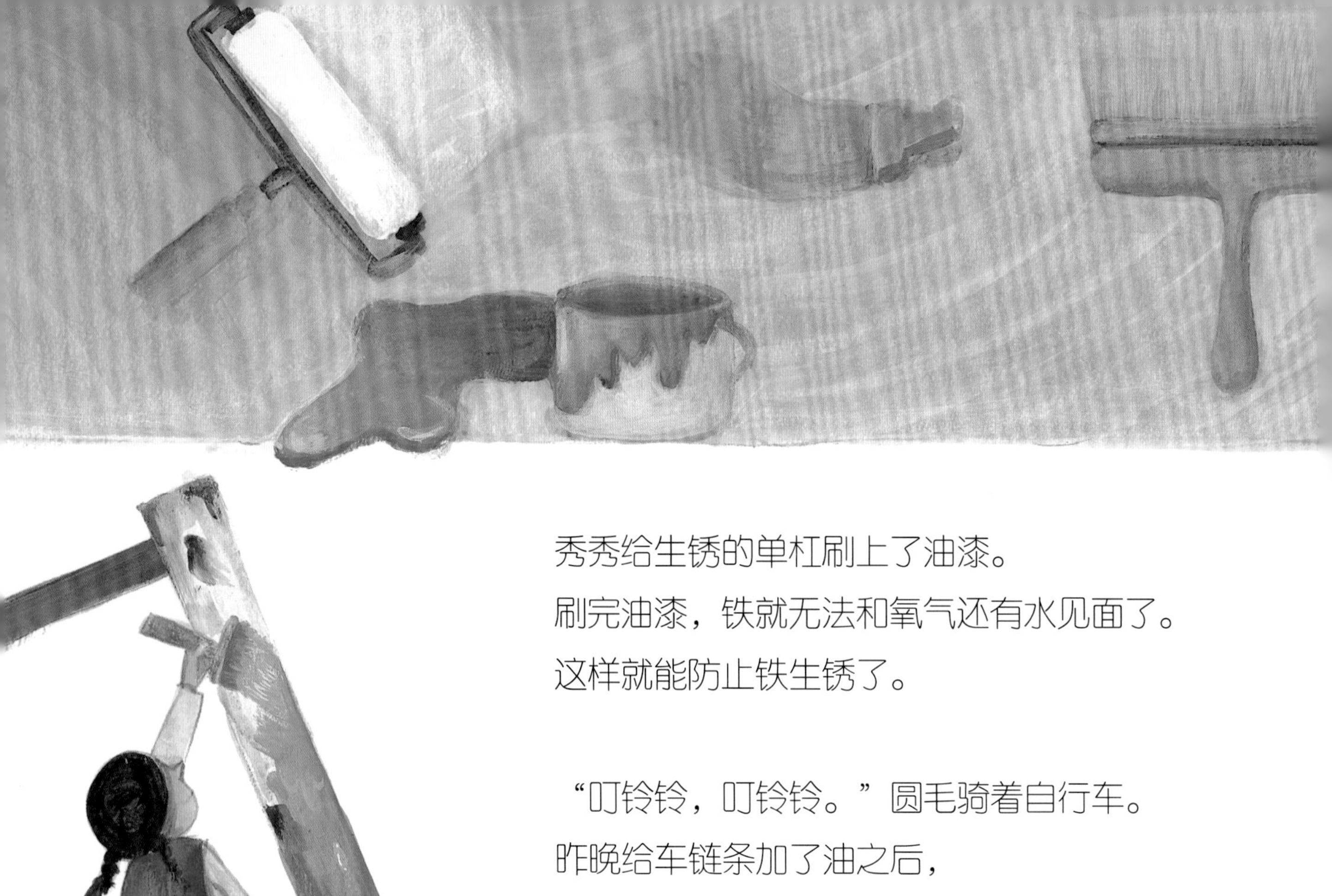

秀秀给生锈的单杠刷上了油漆。
刷完油漆，铁就无法和氧气还有水见面了。
这样就能防止铁生锈了。

“叮铃铃，叮铃铃。”圆毛骑着自行车。
昨晚给车链条加了油之后，
自行车果然踩起来更顺畅了。
上了油不仅能防止铁制的链条生锈，
还能让齿轮动得更快耶。

给铁抹上一层油，隔绝了氧气，就不会生锈啦。

圆毛的哥哥在摔跤比赛中获得了奖牌，
是闪着光的奖牌。

珍贵的奖牌可不能生锈啊，
所以要给奖牌镀上金或银才行。

给铁或铜这些金属穿上一层薄薄的金或银外套，这就叫做镀金或镀银。

炒锅就是镀了一层不容易被氧化的黑色金属。

给炒锅镀一层不容易
被氧化的黑色金属，
就不会生锈啦。

秀秀家的厨房里有各种各样的工具，
有剪刀、金属容器、叉子、餐刀等。
它们都是用不会生锈的合金做成的。
合金是指易氧化金属与不易氧化金属的混合物。
用合金做成的工具就不容易生锈啦。
不锈钢可是最具有代表性的合金了。
在容易生锈的铁中加入了碳、铬、
钨等物质，这样制作而成的合金呀，
就叫做不锈钢。
不锈钢就是“不会生锈的钢铁”的
意思哦。
掺入或是镀一层与氧气接触也不会发生变化的金属，就不会生锈了。

圆毛一家打算去美国旧金山度假。
听说在旧金山的北部有一座红色的大桥非常美丽。
这座桥叫做“金门桥”。
不过金门桥建在海上，
长年受到含盐量极高的海风的吹蚀。
由于它比其他的桥更容易生锈，
所以每年都要给它刷红色的油漆，防止它生锈。
1900 多米长的桥身全刷一遍要耗费一年的时间呢。
这就相当于每天都在给它刷油漆了。
这全都是因为氧气呀。

同时接触氧气和盐会加快铁的生锈。

通过实验与观察了解更多

收集氧气

人类与动物呼吸，是为了获取氧气。
其实呀，植物也在为了获取氧气而呼吸。
但如果植物受到了光照，那它的呼吸就会产生氧气。
我们一起来尝试下，收集植物制造的氧气吧？

准备材料　电灯、水槽、水、水草、试管、玻璃导管

实验方法

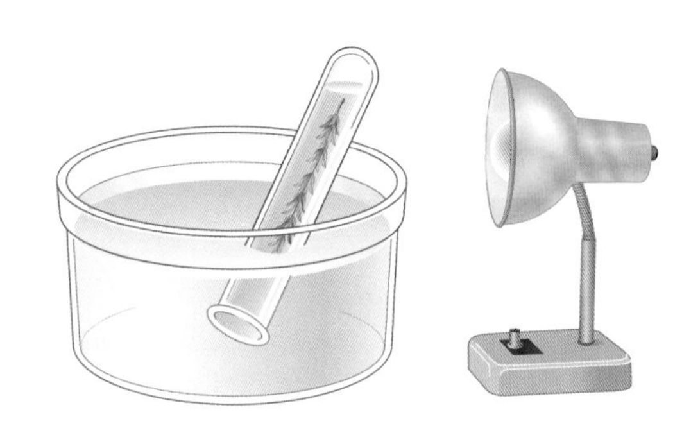

1. 准备一些在光线充足的地方生长出来的水草。
2. 用玻璃导管向装有水的水槽里吹气。
3. 从水中取出水草后，将其放入装满水的试管中。
4. 电灯照射水草，观察其变化。

实验结果

受到光照，试管内产生气泡。

为什么会这样呢？

水草受到光照后，为自身提供所需能量的过程称为光合作用。进行光合作用需要阳光、二氧化碳和水。向水槽中吹气的原因是为了让更多的二氧化碳溶于水中。

将水草置于阳光下，时间久了就会有气泡附着在试管的内壁上。然后就会有越来越多的空气聚集在试管的顶部，这就是氧气。地球上存在的所有氧气都是通过植物长久以来的光合作用所产生的。

制取氧气

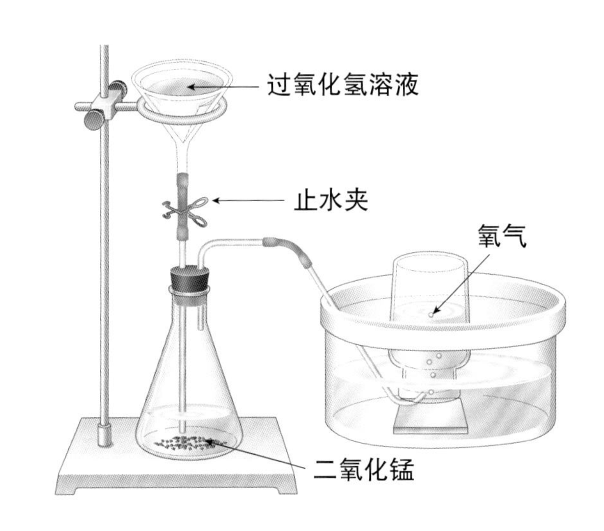

呼吸时所需的氧气我们可以自己动手制作出来。

利用右图所示装置制取氧气，并确认氧气的性质。

准备材料　水槽、集气瓶、铁架台、玻璃导管、直角导管、锥形瓶、药匙、二氧化锰、过氧化氢溶液、橡胶塞、橡胶管、漏斗、止水夹、玻璃片

实验方法

1.在锥形瓶中装入少量的二氧化锰，倒入少量水。
2.将橡胶塞、锥形瓶、玻璃导管、漏斗、止水夹和水槽按上图所示装好。
3.将装满水的集气瓶倒置在水中。
4.连接锥形瓶的橡胶管套上直角导管，并将另一端置于集气瓶中。
5.将稀释后的过氧化氢溶液倒入漏斗后，缓慢打开止水夹。
6.集气瓶中装满氧气时，盖上玻璃片，取出集气瓶。
7.将带火星的木条放入装有氧气的集气瓶中，观察其复燃现象。

取出装满氧气的集气瓶

将带火星的木条放入集气瓶中

带火星的木条复燃

为什么会这样呢？

氧气是无色无味的气体，因此肉眼无法看见。如果将集气瓶倒置在水中，产生氧气时，气泡上升，那么集气瓶中的水就会被排出。当水全部排出，就表明氧气集满了。盖上玻璃片，将其取出即可。

如果将带火星的木条放入装满氧气的集气瓶中，它将在强烈的火焰中重新燃烧起来。通过这一现象，我们可以知道，氧气呀，还具有助燃性。

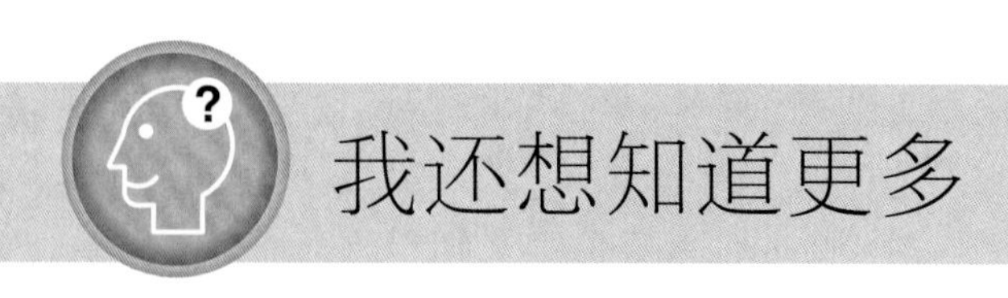

我还想知道更多

提问 为什么地球上有氧气，月球上却没有？

地球最初诞生的时候是没有氧气的。直到植物的出现，地球上才开始有氧气。植物利用阳光进行光合作用制造氧气。植物产生的氧气日积月累，就有了地球大气中氧气的存在。月球上没有氧气，是因为它没有能够提供植物生长的水分。

提问 氧气具有什么性质？

氧气是无色无味的气体，比空气略重且不易溶于水。氧气还会使铁和铝等金属生锈。此外，氧气还有助于物质的燃烧，这种性质也叫助燃性。如果没有氧气，就无法点火了。

提问 我们能够防止削皮后的苹果变成褐色吗？

苹果、土豆、香蕉和红茶等植物接触到空气中的氧气时就会迅速变成褐色。这是由于植物中含有酶的原因，这种变化称为酶促褐变反应。

为防止这种情况的发生，我们可以在切好的水果上喷柠檬汁、醋或维生素C溶液。这样一来，酶的活性被抑制，水果就不会变成褐色了。将水果浸泡在糖水中，也可以得到相同的效果哦。

提问 为什么要给病危患者戴上氧气呼吸器？

氧气是我们呼吸时必不可少的成分。病危患者无法正常呼吸，所以我们需要使用机器来帮助他们继续呼吸。空气中含有20%左右的氧气，但医院使用的氧气呼吸器可使氧气含量达到50%左右。

我们体内没有了氧气，那最危险的就是我们的大脑了。氧气不足将会导致大脑停止工作，缺氧30秒左右，脑细胞就会遭到破坏，而缺氧2～3分钟的话，脑细胞就会被完全破坏，无法再生。由于存在这种危险，所以我们要给病危患者戴上氧气呼吸器。

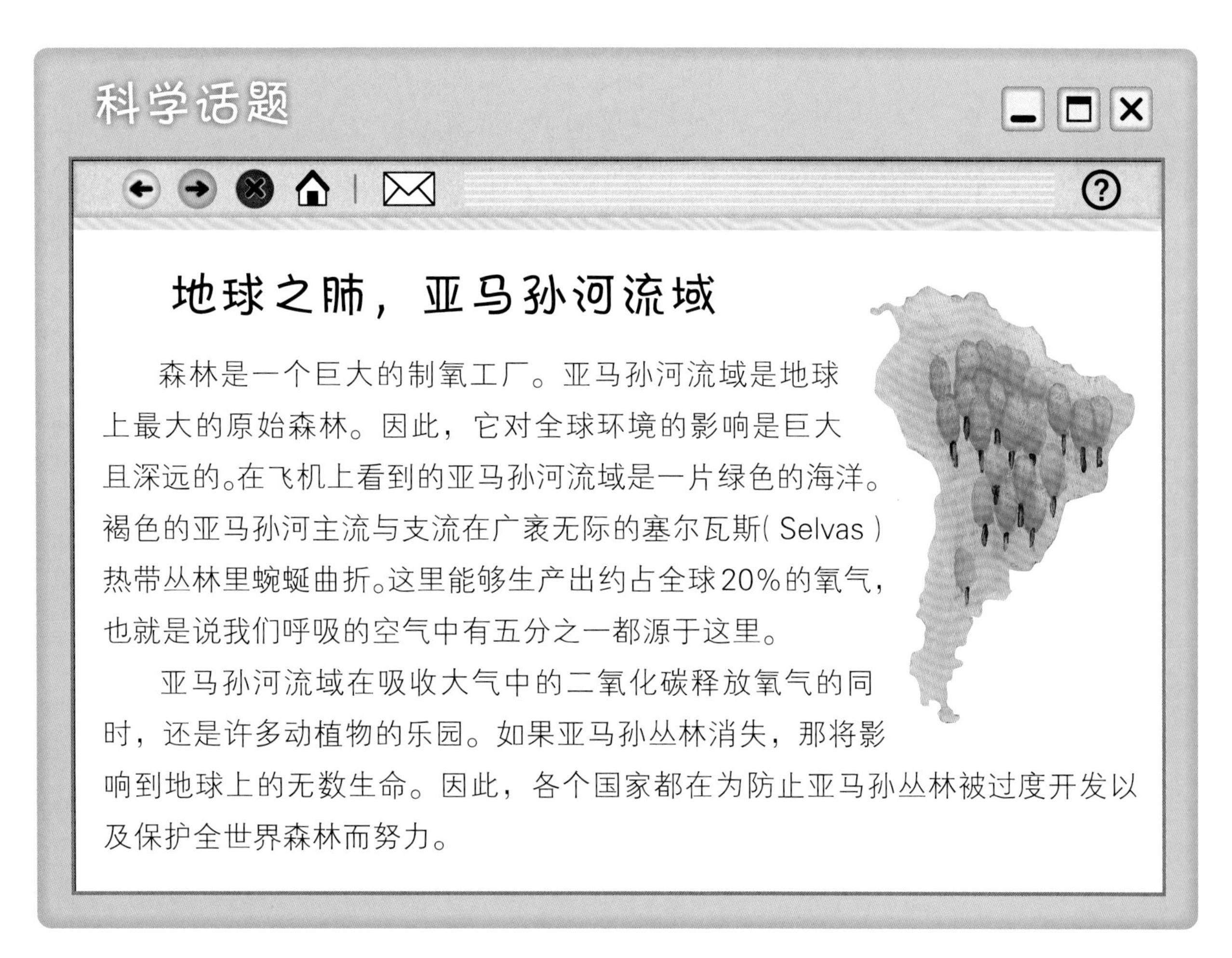

科学话题

地球之肺，亚马孙河流域

森林是一个巨大的制氧工厂。亚马孙河流域是地球上最大的原始森林。因此，它对全球环境的影响是巨大且深远的。在飞机上看到的亚马孙河流域是一片绿色的海洋。褐色的亚马孙河主流与支流在广袤无际的塞尔瓦斯(Selvas)热带丛林里蜿蜒曲折。这里能够生产出约占全球20%的氧气，也就是说我们呼吸的空气中有五分之一都源于这里。

亚马孙河流域在吸收大气中的二氧化碳释放氧气的同时，还是许多动植物的乐园。如果亚马孙丛林消失，那将影响到地球上的无数生命。因此，各个国家都在为防止亚马孙丛林被过度开发以及保护全世界森林而努力。

这个一定要知道！

阅读题目，给正确的选项打√。

1 点燃的蜡烛或木头持续发光发热。这叫做

- ☐ 锈
- ☐ 缓慢氧化
- ☐ 燃烧
- ☐ 爆炸

2 铁生红色的铁锈，是因为

- ☐ 接触了空气中的氢气
- ☐ 接触了空气中的氮气
- ☐ 接触了空气中的氧气
- ☐ 接触了空气中的二氧化碳

3 下列选项中，不是因为氧气而发生变化的是

- ☐ 铜像变成了绿色
- ☐ 削皮后的苹果变成了褐色
- ☐ 跑后呼吸变得急促
- ☐ 金项链闪闪发光

4 下列选项中，防止金属生锈的方法错误的是

- ☐ 抹一层油
- ☐ 放在水里
- ☐ 刷油漆
- ☐ 镀金或镀银

1. 燃烧 / 2. 接触了空气中的氧气 / 3. 金项链闪闪发光 / 4. 放在水里

科学原理早知道  物质世界

力与能量	物质世界	我们的身体	自然与环境
《啪！掉下来了》	《溶液颜色变化的秘密》	《宝宝的诞生》	《留住这片森林》
《嗖！太快了》	《混合物的秘密》	《结实的骨骼与肌肉》	《清新空气快回来》
《游乐场动起来》	《世界上最小的颗粒》	《心脏，怦怦怦》	《守护清清河流》
《被吸住了！》	《物体会变身》	《食物的旅行》	《有机食品真好吃》
《工具是个大力士》	《氧气，全是因为你呀》	《我们身体的总指挥——大脑》	
《神奇的光》			

推荐人 朴承载 教授（首尔大学荣誉教授，教育与人力资源开发部科学教育审议委员）
作为本书推荐人的朴承载教授，不仅是韩国科学教育界的泰斗级人物，创立了韩国科学教育学院，任职韩国科学教育组织联合会会长，还担任着韩国科学文化基金会主席研究委员、国际物理教育委员会（IUPAP-ICPE）委员、科学文化教育研究所所长等职务，是韩国儿童科学教育界的领军人物。

推荐人 大卫·汉克（Dr.David E.Hanke）教授（英国剑桥大学教授）
大卫·汉克教授作为本书推荐人，在国际上被公认为是分子生物学领域的权威，并且是将生物、化学等基础科学提升至一个全新水平的科学家。近期积极参与了多个科学教育项目，如科学人才培养计划《科学进校园》等，并提出《科学原理早知道》的理论框架。

编审 李元根 博士（剑桥大学理学博士，韩国科学传播研究所所长）
李元根博士将科学与社会文化艺术相结合，开创了新型科学教育的先河。
参加过《好奇心天国》《李文世的科学园》《卡卡的奇妙科学世界》《电视科学频道》等节目的摄制活动，并在科技专栏连载过《李元根的科学咖啡馆》等文章。成立了首个科学剧团并参与了“LG科学馆”以及“首尔科学馆”的驻场演出。此外，还以儿童及一线教师为对象开展了《用魔法玩转科学实验》的教育活动。

文字 沈秉柱
首尔教育大学本科毕业后，继续在同一所大学的研究生院攻读了小学科学教育专业，现为首尔新仔小学的一线教师。致力于儿童科学教育，积极参与小学教师联合组织“小学科学守护者”。为了让孩子们能够对科学保持兴趣与好奇心而不断地探索中。

插图 金恩珠
一个仍在学习插图中的自由职业者。正在努力地为孩子们创作出更多有趣和明朗的图画。代表作品有《薯童传》《牛郎织女》《莎士比亚四大悲剧》和《首尔鼠和乡下鼠》等。

산소, 너 때문이야
Copyright © 2007 Wonderland Publishing Co.
All rights reserved.
Original Korean edition was published by Publications in 2000
Simplified Chinese Translation Copyright © 2022 by Chemical Industry Press Co.,Ltd.
Chinese translation rights arranged with by Wonderland Publishing Co.
through AnyCraft-HUB Corp., Seoul, Korea & Beijing Kareka Consultation Center, Beijing, China.
本书中文简体字版由 Wonderland Publishing Co. 授权化学工业出版社独家发行。
未经许可，不得以任何方式复制或者抄袭本书中的任何部分，违者必究。

北京市版权局著作权合同版权登记号：01-2022-3286

图书在版编目（CIP）数据

氧气，全是因为你呀 / (韩) 沈秉柱文；(韩) 金恩珠绘；祝嘉雯译. —北京：化学工业出版社，2022.6
（科学原理早知道）
ISBN 978-7-122-41007-8

Ⅰ. ①氧… Ⅱ. ①沈… ②金… ③祝… Ⅲ. ①氧气－儿童读物 Ⅳ. ①O613.3-49

中国版本图书馆CIP数据核字(2022)第048203号

责任编辑：张素芳
责任校对：王　静
装帧设计：盟诺文化
封面设计：刘丽华

出版发行：化学工业出版社
（北京市东城区青年湖南街13号 邮政编码100011）
印　　装：北京华联印刷有限公司
889mm×1194mm　1/16　印张2¼　字数50千字
2023年1月北京第1版第1次印刷

购书咨询：010－64518888
售后服务：010－64518899
网　　址：http://www.cip.com.cn
凡购买本书，如有缺损质量问题，本社销售中心负责调换。

定　　价：25.00元　版权所有　违者必究